新雅・知識館

U0108518

網絡安全
必修課

新雅文化事業有限公司
www.sunya.com.hk

新雅 • 知識館

網絡安全必修課

作　　者：班・賀伯特 (Ben Hubbard)

插　　圖：碧翠絲・卡斯特羅 (Beatriz Castro)

翻　　譯：王燕參

責任編輯：葉楚溶

美術設計：鄭雅玲

出　　版：新雅文化事業有限公司

　　　　　香港英皇道 499 號北角工業大廈 18 樓

　　　　　電話：(852) 2138 7998

　　　　　傳真：(852) 2597 4003

　　　　　網址：http://www.sunya.com.hk

　　　　　電郵：marketing@sunya.com.hk

發　　行：香港聯合書刊物流有限公司

　　　　　香港新界大埔汀麗路 36 號中華商務印刷大廈 3 字樓

　　　　　電話：(852) 2150 2100

　　　　　傳真：(852) 2407 3062

　　　　　電郵：info@suplogistics.com.hk

印　　刷：中華商務彩色印刷有限公司

　　　　　香港新界大埔汀麗路 36 號

版　　次：二〇二〇年二月初版

版權所有 • 不准翻印

Original Title: Dot. Common Sense

First published in Great Britain in 2018 Contents by Wayland

Copyright © Hodder and Stoughton, 2018

All rights reserved

Edited by Sarah Peutrill

Designed by Collaborate

Wayland, an imprint of Hachette Children's Group

Part of Hodder and Stoughton

Carmelite House

50 Victoria Embankment

London EC4Y 0DZ

An Hachette UK Company

www.hachette.co.uk

www.hachettechildrens.co.uk

The website addresses (URLs) included in this book were valid at the time of going to press. However, it is possible that contents or addresses may have changed since the publication of this book. No responsibility for any such changes can be accepted by either the author or the Publisher.

ISBN: 978-962-08-7440-6

Traditional Chinese Edition © 2020 Sun Ya Publications (HK) Ltd.

18/F, North Point Industrial Building, 499 King's Road, Hong Kong

Published and printed in Hong Kong

目 錄

第 1 章：認識互聯網

什麼是互聯網？

當我們上網時，就像通過一個窗口進入了另一個世界，這就是互聯網的世界。在這裏，我們可以跟朋友聯繫、玩遊戲、看電影、聽音樂，還可以找到幾乎所有的資訊。不過，就像現實的世界一樣，互聯網的世界也存在危險。因此，你在上網時，必須保持頭腦精明和注意安全，並好好運用你的網絡常識。這本書將教你怎樣運用互聯網。

裏面是什麼呢？

森仔和奧莉是一對姊弟。他們有時會一起上網，有時也會各自用不同的方式上網。森仔喜歡玩線上遊戲和在他的社交媒體帳戶上分享照片。奧莉則喜歡瀏覽體育網站和使用即時通訊服務跟朋友聊天。

數碼設備

我們可以使用很多不同的數碼設備上網，包括手提電腦、平板電腦、智能電話、遊戲機和可穿戴式電腦（如智能手錶）。我們可用這些設備在互聯網上互相發送資訊。

在線還是離線？

簡單來說，在線就是連接到互聯網的意思。相反，就是處於離線的狀態。在沒有上網線連接的情況下，我們可以使用手提電話的信號和Wi-Fi（一種無線上網裝置）來連接互聯網。

這是互聯網。我們一起來看看吧。

龐大的互聯網

　　互聯網就像一系列的高速公路，把全球的電腦設備連接起來，使數十億人隨時可以互相發送資訊，而且在幾秒鐘內就能接收到資訊。無論是白天還是晚上，你都可以在任何時間傳送電郵、看新的電影預告片，或是與地球另一邊的人玩線上遊戲。這使互聯網成為一個既快捷又有趣，而且是永不休息的世界。它還把大多數電腦用戶聯合到一個巨大的全球網絡中。

互聯網還是萬維網？

　　人們經常認為互聯網和萬維網（World Wide Web，簡稱WWW）是一樣的，但其實它們並不相同。簡單來說，互聯網是電腦的全球網絡，而萬維網則是由這個網絡上的所有網站組成。人們在使用互聯網時，大部分時間都花在萬維網上。

誰在使用互聯網?

　　人們會有不同的原因而使用互聯網,有些人會用它來娛樂或買東西,有些人則會用它來溝通,還有很多人會用它來學習新事物。

　　大多數人會善用互聯網,但有些人會以不誠實的方式,甚至是危險的目的來使用互聯網。他們可能會欺騙或偷竊別人的東西,或是以其他方式對別人造成傷害。這就是為什麼我們需要在上網時保護自己了。

網站的世界

　　大多數在互聯網上傳播的資訊都來自網站。網站就是網頁的集合，它們被儲存於大型電腦上，稱為伺服器。當我們點擊進入某個網頁時，來自網站的資料就會傳送到我們的電腦裏。

　　我們通常不會知道是誰在管制某個網站或該網站來自世界的哪個地方。有些網站可供兒童安全地瀏覽，但有些網站只限成年人查閱。因此，當你想瀏覽一些新的網站時，最好有一個值得信任的成年人陪伴着你。

看，這是一齣新的超級英雄電影。

還有我最喜歡的遊戲。

誰在管制互聯網？

　　互聯網不是由任何人、政府或組織管制。這同時意味着沒有人需要對互聯網負責，也沒有人檢查放上互聯網的內容。

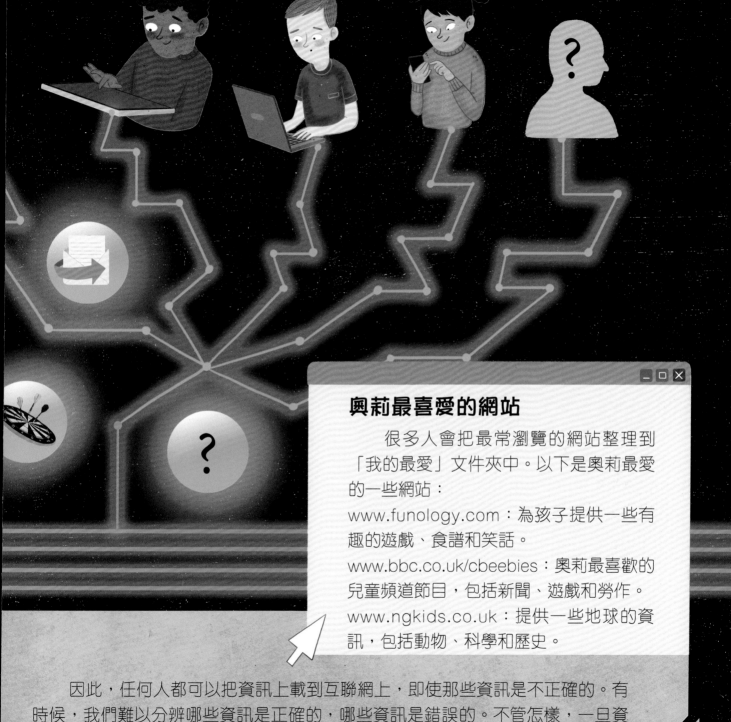

奧莉最喜愛的網站

　　很多人會把最常瀏覽的網站整理到「我的最愛」文件夾中。以下是奧莉最愛的一些網站：

www.funology.com：為孩子提供一些有趣的遊戲、食譜和笑話。

www.bbc.co.uk/cbeebies：奧莉最喜歡的兒童頻道節目，包括新聞、遊戲和勞作。

www.ngkids.co.uk：提供一些地球的資訊，包括動物、科學和歷史。

　　因此，任何人都可以把資訊上載到互聯網上，即使那些資訊是不正確的。有時候，我們難以分辨哪些資訊是正確的，哪些資訊是錯誤的。不管怎樣，一旦資訊上載到互聯網上，它就有可能永遠留在那裏。

線上的真實世界

　　互聯網就像一個在屏幕入面的世界，既遙遠又看不見。不過，其實它與我們的現實世界是緊密相連的。在每一個使用互聯網的電腦設備背後，都有一個在控制着它的人，而當中大部分人都是我們不認識的。我們也不知道在上網時會遇到誰或遇到什麼事情。因此，我們在上網時一定要小心，並且要對網絡危機時刻保持警惕，這是很重要的。

網絡危機

以下是互聯網世界中要特別留意的幾個主要危機。它們是：

網絡陌生人

我們要小心提防網絡上的陌生人，因為他們說的話不一定是真的。

只限成年人瀏覽的網站

網站會有不適合兒童接收的資訊，或有裸露的成分。

網絡巨魔

他們會在網上發表一些刻意挑釁其他人的言論。

網絡欺凌者

他們往往透過發表刻薄的言論和散播謠言來傷害別人。

病毒和惡意程式

為了損害他人電腦而設計的軟件。

網絡罪犯

有些不誠實的人會在網上用欺騙和說謊的手段從別人身上賺取金錢。

出色的互聯網

　　雖然互聯網可能存在危險，但如果沒有互聯網，我們將會怎樣呢？我們需要寄出實體的信件，取代傳送電郵；用固網電話來交談，取代即時通訊服務；寫紙本日記，取代在社交媒體上分享；搜尋資料時，查看大型的百科全書，取代網上搜尋器。這樣，世界將會倒退，我們的生活會變得不方便！因此，請記住：互聯網真是很出色！

　　在本書每章的結尾，你將會了解更多我們要使用互聯網的原因。

第 2 章：上網時的安全意識

上網前做好準備

你每次進入互聯網時，就像踏上了一趟冒險之旅。互聯網能帶你到任何地方——你可以在線上遊戲中與灣鱷面對面，並選擇遊戲裏的新角色，開始冒險之旅。通常你只要坐在舒適的椅子上，就能讓這一切發生，但你上網前仍須做好準備。

你要使用安全的密碼和運用網絡常識來保障自己，並保護你的個人資料和網絡身分。你還必須妥善地看管你的電腦、手提電話或平板電腦。最後，你需要一個值得信任的成年人，在旁邊為你提供協助。

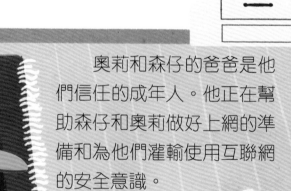

為了可安全地上網，我正在做好準備。

奧莉和森仔的爸爸是他們信任的成年人。他正在幫助森仔和奧莉做好上網的準備和為他們灌輸使用互聯網的安全意識。

值得信任的成年人

一個值得信任的成年人就像一個比你年長的朋友，他可以教你如何上網，並在你驚險的上網之旅中，陪伴着你。那個值得信任的成年人可以是你的父母、監護人、比你年長的家庭成員或學校裏的老師。你所選擇的這個人最好對互聯網有一定的認識，否則就變成是你在幫助他了！

個人資料

　　你可以與信任的成年人一起制定一些上網規則，為上網做好準備。這意味着無論你使用的是智能電話還是平板電腦，別人都知道你懂得安全地上網。當你制定了那些上網規則，你還可以簽名，承諾你會遵守它們呢！

　　以下是森仔和奧莉的上網規則：

1. 我保證會遵守這些上網規則！

2. 除非是我信任的成年人批准，否則我不會在網上透露我的真實姓名、地址或聯絡方式。

3. 除非得到我父母的同意，否則我不會與網上的人見面。

4. 未經我信任的成年人批准，我不會在網上發布自己或他人的照片。

5. 未經我信任的成年人檢查，我不會下載任何內容。

6. 如果網上有任何內容讓我感到不舒服，我會告訴我信任的成年人。

7. 我會像對待現實生活中的人一樣對待網絡上的人。

傻瓜，不是這樣的！

你的網絡身分

　　你的網絡身分就是你怎樣在互聯網世界中展示你自己。你在網站上發布的資訊將構成你的網絡身分，這包括你在社交媒體帳戶上的個人資料、發布的照片，以及你對影片、遊戲或書籍的評論。還有，你對某事物按「讚」，也構成了你的網絡身分。

　　創造一個網絡身分是很有趣的，但你也需要保護自己，以確保你的真實身分不會被洩露。

用戶名稱是指你用於線上的綽號。

我的用戶名稱是「14Spyro」。

爸爸正在幫助奧莉和森仔建立他們的社交媒體帳戶。這包括了設定用戶名稱、密碼和頭像——在線時的頭像。

選擇在線時的面孔

　　頭像是你在線時所使用的圖片，而不是真實的照片。你可以選擇自己喜歡的流行歌星、電影明星或任何你喜歡的人。選擇頭像是非常有趣的，你可以在不同的網站設置不同的頭像，並且根據你的喜好隨時更新。

強大的密碼

為了確保你的網上資料是安全的，你需要一個強大的密碼。一般的網站，如社交媒體，會在你每次登入時要求你輸入密碼。你的密碼最好是你容易記住的，而其他人卻難以猜得到的。

最強大的密碼是用英文字母和數字所組成。不過，如果使用你真實的姓名和生日日期作為密碼，那就太明顯了。你可以使用只對你有意義的數字和英文單詞來設定密碼，這樣會比較安全。你可以只把你的密碼告訴你信任的成年人，但切勿把它寫下來。

每次使用完網站後，記得一定要登出。

我的用戶名稱是「CC-8 :)」。

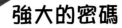

CC-8:)

Password

森仔的神秘密碼
6msicO28

6——去年森仔觀看他最喜歡的電影的次數。

msicO——這是「my sister is called Olivia（我的姊姊叫做奧莉）」每個英文單詞開頭的字母。

28——森仔最喜歡的電視頻道。

（在本書出版後，他已經更改了他的密碼。）

將個人資料保密

互聯網世界是一個龐大的地方，全球有超過
30 億的互聯網用戶。在那些用戶中，你會認識其
中一些人，但他們大多數都是陌生人。在現實世
界中，你不會向街上的陌生人透露你的個人資料。
當你上網的時候，這些道理同樣適用。

你的數碼足跡

當你遊走於網絡世界時，你會留下痕跡，稱為數碼足跡。你的數碼足跡是你在上網
時所做過的一切事情的紀錄。它顯示了你搜尋過的內容、瀏覽過的網站，以及在該網站
停留了多長時間。

啊！我怎麼
知道呢？

個人資料

你的個人資料是由一些私人的細節所構成的，這些資料應該只有你的家人和最親密的朋友才會知道。如果把這些資料給予陌生人是很危險的。

你的個人資料包括：

姓名
年齡
學校
地址
運動或課後興趣班
電話號碼
家庭資料
出生地
居住的城市

森仔和奧莉正在學習怎樣把個人資料保密，這是上網時最重要的事情。

公開的資料

你可以在網上公開的資料，包括你喜愛和不喜愛的東西，例如你最喜歡的顏色、歌手和漫畫英雄等，這些資訊都是安全的。它們不會洩露你過於私人的資料。

Google　網上購物　Facebook　Twitter

你的數碼足跡與你的網絡身分是不同的，因為只有電腦專家才能看到它。不過，你的數碼足跡就像一個永久的紀錄：一旦被記錄下來，就很難移除。

小心保管你的流動設備

　　當我們有手提電話，就可以在任何地方跟別人通話、傳送短訊，並連接到互聯網。上線後，我們可以使用即時通訊應用程式跟我們的朋友對話，我們還可以拍照和拍影片，把它們上載到我們的社交媒體帳戶。

　　一些便攜式電子設備，如手提電話或平板電腦，裏面儲存了大量的個人資料，所以我們要小心保管。我們還需要用密碼來保護個人資料，以防它們被盜取。

嗨，奧莉，我的朋友想要你的電話號碼。

　　我們還要謹慎地把自己的電話號碼提供給別人。否則，任何人都可以得到它。

好好管理你的手提電話

　　當你用電話上網時，只要點擊一下某些內容，就能輕易地把它下載到你的電話了，但你下載的內容都是安全的嗎？有時候，你所下載的文件可能會損害你的電話，或者下載是需要花錢的。事實上，用手提電話登入互聯網也是要花錢的。因此，你最好與你信任的成年人討論用手提電話上網的問題。

奧莉學校裏的一個女孩把奧莉的電話號碼給了一個朋友的朋友，現在她會收到很多不想收到的訊息。奧莉知道要好好保護她的電話號碼了。

對不起，我只會把電話號碼給我的好朋友。

我的電話不見了！

如果你的電話遺失了或被偷走了，你最好盡快告訴你信任的成年人。他們能夠幫助你通知警察和你的手提電話供應商，以確保你的社交媒體帳戶安全。這意味着你要更改所有密碼。這樣可以防止小偷登入你的帳戶，並假裝他們是你，盜用你的帳戶。

出色的互聯網

你有沒有想過不用離開家也能學會用瑞典語說「你好」、學懂自己製作風箏，或上結他課呢？互聯網可以一一教導你怎樣做！網絡上有各種各樣的短片，例如教你怎樣製作玩具、學習新的樂器等。

如果你想學習一個外語的詞語發音，一點也不難。假如你想知道瑞典語的「你好」是怎樣發音，你可以在搜尋引擎中輸入「瑞典語的你好」。現在，請點擊「Hallå」，聽聽它的發音。很簡單！對吧？這就是為什麼互聯網這麼出色了——它是一個很好的學習工具。

第 3 章：點擊和連接

電郵和病毒

我們只需要點擊幾下，就可以使用社交媒體、即時通訊服務和電郵跟別人溝通了。電郵就像是能在閃電般的時間內，從信箱裏收到的信件。可是，你也可能會收到由你不認識的人傳送過來的垃圾郵件。

這些被稱為垃圾郵件的電郵通常是無害的。不過，有時它們可能帶有能損害你電腦的病毒。這些郵件可能來自網絡上想接觸你的陌生人，或者是想讓你花錢的人。

你每次打開新的電郵前，最好先仔細檢查清楚它的來源。

我不知道這是誰傳送過來的，但它的附件上有一個新遊戲。

這聽起來好得令人難以置信——馬上把它刪除、刪除、刪除！

收件箱

垃圾郵件與通過信箱收到的信件一樣，在信中它也會聲稱能提供禮物和免費贈品給你。不過，千萬別上當！你可以點擊「垃圾郵件」按鈕，這樣就可以刪除那些電郵，並防止由同一個電郵地址傳送更多的電郵到你的收件箱內。

虛假電郵

一些廣告商會同時間向數百萬個電郵地址傳送虛假電郵，希望能得到回覆。如果有人回覆了，廣告商就會知道該電郵地址是真實的，然後他們會用垃圾電郵不斷騷擾那個人。你可以跟從一個最好又簡單的處理方法：如果你不知道某封電郵是誰傳送給你的，就馬上把它刪除。

垃圾郵件

病毒

虛假電郵

廣告

惡意程式

詐騙電郵

陌生人

惡意程式和病毒

病毒和惡意程式是專為損害你的電腦而設計的軟件。它們通常是以連結或電郵附件的形式發送。有時候，這些附件會偽裝成你很想要的東西，例如免費下載。重要的是千萬不要打開這些電郵，而且要馬上把它們刪除。

認識社交媒體

　　社交媒體網站就像線上的俱樂部，只要你加入後，就可以跟其他會員分享你的資訊。你通常可以在自己社交媒體帳戶的「頁面」上分享，在這裏，你可以發布照片和影片，並撰寫網誌。「俱樂部」中的每個人都可以這樣做，並且可以評論彼此的帖子。這是一種跟朋友保持聯繫的好方法。

　　可是，在現實生活中，你不會跟你不認識的人分享資訊，在社交媒體上也是一樣。

私隱設定

　　當你首次加入一個社交媒體網站時，你可以選擇不同的私隱設定，這意味着你可以決定誰能看到你的頁面。你可以選擇的設定包括「只限我的朋友」、「朋友的朋友」或「所有人」可以看到。最好選擇是「只限我的朋友」可以看到。

　　如果你不認識的人邀請你成為他們的朋友，你最好不要接受。你也可以封鎖別人。你信任的成年人可以幫助你設定這些私隱。

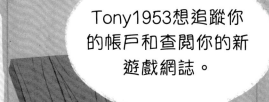

Tony1953想追蹤你的帳戶和查閱你的新遊戲網誌。

朋友和追蹤者

　　有些人在社交媒體上有很多「朋友」，但實際上他們跟當中多少人聊過天呢？跟幾個親密的朋友分享資訊，不是比擁有很多你不熟悉的朋友更好嗎？

網絡聊天

    用文字對話是一種跟朋友聊天的好方法。我們可以利用即時通訊應用程式，在任何地方跟別人聊天，例如在巴士上、街道上或公園裏。我們還可以在網絡聊天室用文字對話。聊天室是一個平台，讓你可以認識世界各地的孩子，並與他們聊天。我們可以透過這些孩子的用戶名稱、頭像和他們喜歡的東西來認識他們，但我們怎樣確定他們真實的樣子就是他們所說的那樣呢？

提防網絡上的陌生人

    在聊天室裏，每個人都是陌生人，但是我們要小心提防某些網絡上的陌生人。這些人會表現得對你非常感興趣，並過分熱衷於成為你線上的朋友。他們可能會告訴你自己的年紀跟你差不多，而且似乎很了解你的問題。不過，他們也可能在說謊。

我認為你應該
封鎖他。

由於每個人在網絡聊天時都有一個用戶名稱和頭像，因此我們不知道他們在現實生活中是誰。這些網絡上的陌生人，當中可能有些是假裝成兒童的。

奧莉的聊天室選擇

Kidzworld（www.kidzworld.com）
Girl2Girl Wall（https://missoand friends.com/girl2girl-wall/）

　　有時候，網絡上的陌生人可能是假裝成兒童的成年人。他可能會要求你傳送自己的照片給他或跟他見面，這是非常危險的。除非你的父母跟你在一起，否則你不應該跟你在網上認識的人見面。如果有人要求你跟他見面，你最好馬上告訴你信任的成年人。因此，把個人資料保密是很重要的（請參閱第17頁）。

發布照片

我們可以很輕鬆、快速地把照片和影片上載到社交媒體，但是我們忽略了一件事——把照片發布到社交媒體不一定是一個明智的做法。照片和影片的內容可能會傷害到某人的感受，或者會洩露太多自己、朋友或家人的資料。

照片裏隱藏的資料

森仔和奧莉在馬利亞的生日會上拍了很多照片。森仔為馬利亞拍了一張極好的照片。可是，如果森仔在社交媒體上發布這張照片，他會不會透露太多馬利亞的資料呢？請仔細觀察上面的情境，看看你能不能在當中找出四個應該保密的個人資料。

答案：從照片裏隱藏的資料如上面的情境，看看你能不能在當中找出四個應該保密的個人資料之名字。

一旦共享，永遠共享

　　在互聯網上發布照片，最大的問題是你無法控制它們會引發什麼事情。它們有可能被複製和分享出去，然後出現在任何地方。一旦某些東西出現在互聯網上，幾乎是不可能刪除它的。這就是為什麼在上載東西之前，一定要三思而後行——特別是上載的東西裏有你或你認識的人出現。

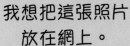

我想把這張照片放在網上。

森仔，請小心，你這樣做可能會透露了馬利亞的個人資料。

出色的互聯網

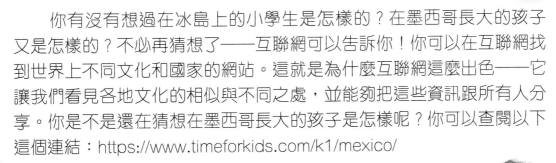

　　你有沒有想過在冰島上的小學生是怎樣的？在墨西哥長大的孩子又是怎樣的？不必再猜想了——互聯網可以告訴你！你可以在互聯網找到世界上不同文化和國家的網站。這就是為什麼互聯網這麼出色——它讓我們看見各地文化的相似與不同之處，並能夠把這些資訊跟所有人分享。你是不是還在猜想在墨西哥長大的孩子是怎樣呢？你可以查閱以下這個連結：https://www.timeforkids.com/k1/mexico/

第 4 章：搜尋萬維網
各種各樣的網站

只限成年人

　　在上網時，搜尋萬維網是其中一樣令人興奮的事。透過搜尋萬維網，我們可以發現自己喜歡的網站，並學習更多我們喜歡的事物。不過，不是所有的網站都適合兒童瀏覽。有些網站的內容會很沉悶，有些會令人覺得困惑，有些會顯示一些我們討厭和不想看到的照片。因此，你信任的成年人可作為你上網時的同伴，讓你安全地搜尋網站。

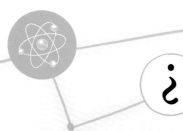

啊，很噁心！

如果你覺得可怕，請離開這個網站！

我的姊姊剛剛發布了一張在挖鼻子的照片！

網頁瀏覽器

搜尋萬維網的時候，我們需要把想搜尋的內容輸入稱為網頁瀏覽器的應用程式中。常用的網頁瀏覽器有Safari、Chrome、Internet Explorer 和 Firefox。你可以在大多數網頁瀏覽器上設定特別的過濾器，使你只能瀏覽一些適合兒童的安全網站。這意味着你不能登入只限成年人瀏覽的網站。你可以向你信任的成年人尋求幫助，設定網頁過濾器。

令人不快的網站

如果你在網絡上看到一些令你不快的內容，最簡單的方法就是告訴你信任的成年人。他們可以幫助你封鎖那個網站，並與你傾談，使你感覺好一點。請記住：如果你不想在網上看到某些內容，你不必去看它（即使你的朋友說它是很好的網站），你只要離開那個網站就可以了。

你永遠不會知道你在上網時會遇到什麼事情，所以你在搜尋萬維網時，應該有一個你信任的成年人在身旁陪伴着你。

不用理會網上的干擾

　　在上網的時候，有時會出現令人煩躁的事情，你可能會遇過這些情況：有視窗突然彈出來；有提醒你軟件更新的通知出現；有廣告在你面前閃出。還有，隨時會收到別人的交友邀請。這些情況真的會令人抓狂！但最重要的是保持冷靜，避免點擊不必要的內容。

真便宜！

一則廣告說我們贏得了免費獎品，我們不要理會它！

一個彈出的視窗說我們需要安裝一個更新軟件，我們先問問爸爸吧。

免費獎品！

　　當你搜尋網頁時，你很難保證搜尋的過程是順利的。你可能需要繞過隨時彈出來的視窗、聊天圖示和廣告。

比賽和免費獎品

　　你有沒有試過有一個視窗彈出來，告訴你贏得了一部新的智能電話或遊戲機？它是不是要求你填寫一些表格，以便把獎品寄給你？千萬別上當！這些只是騙取你個人資料的手段，以便廣告商可以不斷寄垃圾郵件給你。最簡單的解決方法就是不要點擊彈出的視窗，如果你不小心點擊了，就馬上離開那個網站。

軟件安裝提示！

減價！

安裝軟件

　　你有沒有試過在觀看體育比賽或音樂影片時，收到需要更新軟件的提示？有時這是真的：你的電腦告訴你需要下載更新軟件。不過，有時這是有人試圖把病毒或惡意程式傳送給你，或是讓你點擊它後把你轉移到其他網站。當這些提示出現時，最好的解決方法是詢問你信任的成年人。

不小心購買了

　　在互聯網上買東西比以前容易多了。很多線上商店都會儲存電腦用戶的資料，用戶只需要點擊一下，就可以購買商品了。如果你全家人都使用同一部電腦上網，這樣可能會造成麻煩，因為電腦已儲存了你家人的購物資料，一不小心你可能會點擊多了購買的數量，所以你要格外小心。有時候，一些線上遊戲會要求你購買一些附加的東西，使遊戲更加有趣。除非你確定它們是免費的，否則不要購買！

八折優惠！

下載的風險

互聯網是尋找音樂和電影的理想地方。有些網站允許你免費在線聽音樂，但你可能要觀看它們的廣告。YouTube 是一個可以讓你免費觀看影片的網站。

若要把音樂和電影下載到你的電腦、平板電腦或手提電話，通常都需要付費。可是，也有一些非法的網站可以讓你免費下載相同的檔案。雖然有很多人使用這些網站，但你不應該成為他們的一分子。如果你被發現了，可能要承擔很嚴重的後果。

不過，免費得到一部新電影的複製檔案，似乎是不對的。

不用擔心，每個人都是這樣做！

森仔的朋友有一部剛在戲院上映的新電影複製檔案。現在，森仔可以免費取得複製檔案。可是，他應該接受嗎？

提防非法檔案

　　非法的音樂和電影檔案的質量通常很差，而且可能會附加一些惡意的「驚喜」。有時候，只看這些檔案的名稱並沒有不妥，但其實它是廣告或含有病毒。由於你已經把檔案下載了，所以你的防毒軟件並不能發揮作用。這些檔案可能會把你的電腦、手提電話或平板電腦弄得一團糟。

為什麼它是非法的？

　　大多數電影、歌曲和書籍都受法律版權保護。版權是指只有作品的創作者才有權利決定什麼人可以使用該作品。這意味着未經創作者許可使用它，就是非法的。通過互聯網非法下載或共享版權保護的電影、歌曲或書籍稱為盜版。盜版其實是盜竊的行為，這樣做是犯法的。

好玩的線上遊戲

　　線上遊戲是專為娛樂而設計的，每種數碼設備都有不同的線上遊戲。你可以在手提電話或平板電腦上玩單人遊戲，也可以在遊戲機或電腦上與數十個對手對戰。玩多人遊戲有點像登入了一個社交媒體網站，遊戲玩家可以彼此聊天，並互相給予提示。線上遊戲的數量很多，當中的遊戲玩家數量也很多，而且每個玩家的特質都是不同的，有些遊戲玩家的行為會令人感到討厭，而有些遊戲玩家真實的樣子與他們所說的並不一樣。當你玩線上遊戲時，請對網絡上的陌生人保持警惕！

這只是一個遊戲

　　有時候，遊戲玩家之間的競爭會非常激烈。有些人可能會說一些惡意中傷別人的話，這是不能接受的。如果有人說了一些令你傷心的話，請把他的評論以熒幕截圖的方式記錄下來。你可以向信任的成年人請教熒幕截圖的方法，他們還可以幫助你把這些評論報告給那個網站的負責人。你不必回覆任何有惡意的評論，以免影響自己的情緒。

化名和頭像

　　當你玩線上遊戲時，選擇頭像和化名（遊戲用戶名稱）是很重要的。你應選擇一個跟你在其他網站不同的用戶名稱。請謹記要遵守不洩露個人資料的上網規則（請參閱第13頁）。如果有遊戲玩家對你非常感興趣，你一定要小心。誰知道他們到底是誰呢？

一號玩家，
你真差勁！

設定上網的時限

　　你有沒有試過原本只想坐下來玩一會兒線上遊戲，卻發現不知不覺已經過去了幾個小時？在互聯網世界中，時間很容易一下子就過去了——但現實世界中的時間也就這樣流走。如果你不想浪費時間的話，有一個很簡單的方法，就是每次上網前，給自己設定一個上網的時限，然後調好計時器，確保自己不會逾時。

35

第 5 章：做一個良好的網民

網絡禮儀

在現實生活中，有沒有人對你說過一些很刻薄的話？或是在網上，有沒有人寫了一些惡意中傷你的文字？以上兩者同樣會對你造成傷害。有時候，電腦用戶在使用社交媒體、聊天室或線上遊戲時，會忘記他們正與真實的人在交談。他們認為待人粗魯或兇惡並沒有問題，但其實這是不對的。

我們在網絡上的行為應該跟現實生活中的行為沒有差別。即是我們希望別人怎樣對待我們，我們就要以同樣的方式對待網絡上的人。我們要有禮貌和尊重他人，並可以舉報任何我們認為有害的內容，這才稱得上是一個良好的網民。

巴士站

昨天晚上你有沒有看巴西的球賽？那個入球太精彩了！

球賽很好看呢！我是跟爸爸一起觀看的。

奧莉剛告訴我那場足球比賽很好看，但其他人都認為它一點也不好看呢！呵呵！

你在網絡世界和現實世界中所說的話，都會對他人產生同樣影響。在發表對某人的評論前，請先問自己：「我可以當着他的臉說出這句話嗎？」如果不可以，請不要發表。

網絡禮儀

　　禮儀是指行為規範。以下是一些良好的網絡禮儀指南：

- 待人要有禮貌和友善。
- 即使你不同意他人的意見，也要尊重他們。
- 即使你認為某些人很壞，也不要對他們說任何刻薄的話。
- 切勿散播惡意中傷他人或對他人不禮貌的言論。
- 不要在網上發表任何你不想讓父母看到的內容。

你覺得我這雙新運動鞋好看嗎？

這雙鞋很漂亮，讓我來拍張照片吧。

這是森仔的新運動鞋，真的很漂亮……才怪呢！

在網上傳遞微笑

　　你的網絡聲譽是很重要的。良好的網絡聲譽不只是避免在網上說一些不好的話，也包括說一些好話。在網上發表一些有趣、友善和積極的評論，能使人微笑，讓人感到高興。這有助互聯網成為一個友善、有趣和令人開心的地方，讓每個人能享受當中的冒險旅程。

網絡欺凌

　　網絡欺凌者和網絡巨魔是指在網上說一些惡意中傷他人的話和散播謠言的人。網絡欺凌者通常是你認識的人，決意要欺負你。他們有可能會向你傳送刻薄的文字短訊或電郵，或在社交媒體上發表惡意中傷你的言論。他們也可能會在網上張貼你不想讓別人看到的尷尬照片，或公開你的個人資料。

　　首先，你要記住的是網絡欺凌可以發生在任何人身上。下一步，你要採取一些措施來阻止它發生。

戰勝欺凌者

如果你發現自己是網絡欺凌的受害者，以下的措施可以幫助你：

- 不要回覆欺凌者的訊息，否則你可能會鼓勵他們的行為。
- 把受到網絡欺凌的事情告訴你信任的成年人，並尋求他們的幫助。
- 把每一句惡意中傷你的話以熒幕截圖的方式作為證據。

什麼是網絡巨魔？

網絡巨魔是一種網絡欺凌者，他們喜歡以陌生人為欺負目標，而不是他們認識的人。網絡巨魔在發動言語攻擊前，通常會靜靜地在聊天室中等待時機。他們的言語攻擊往往涉及爭論、咒罵，以及說一些惡意中傷其他用戶的話。

網絡巨魔通常有一個聽起來很兇惡的用戶名稱。對付網絡巨魔的最簡單方法就是不要理會他們。如果他們不被注意，往往會感到無聊而離開。不過，如果你遇到網絡巨魔，應該向該網站舉報他們的評論。

成為網絡欺凌的受害者是一個很大的打擊，即使一開始對方可能只是在開玩笑。重要的是，你要認真看待網絡欺凌，並馬上向你信任的成年人尋求幫助。

- 接聽電話前，請先確定那電話號碼或來電者是你認識的人才接聽。
- 如果你是在自己的社交媒體帳戶上被欺凌，請封鎖那個欺凌者，並點擊「舉報」按鈕。
- 把受到網絡欺凌的事情告訴你親密的朋友。跟信任的朋友分享，總比把秘密藏着好。
- 請記住：被欺凌不是你的錯！

欺凌事件中的旁觀者

　　一些網絡欺凌者會慫恿其他人加入他們，一起欺負受害者。當中包括散播欺凌者惡意中傷他人的言論，以及對欺凌者在社交媒體上發布的惡意訊息按「讚」。欺凌者甚至會公開受害者的電郵地址、電話號碼和社交媒體資料。

那個男孩叫森仔，我可以把他的電話號碼和電郵地址傳送給你。

　　有些欺凌者會向其他人施加壓力，迫使他們參與欺凌的行為。如果受害者是你，這會令你感到非常沮喪，就像整個世界都跟你對立一樣，無處可逃。因此，當有人被欺凌時，你的態度是很重要的，你不應該加入他們，並要阻止這種情況發生。作為一個良好的網民，保護自己和其他人都是很重要的。

這樣做是不對的，我要幫助森仔。

公開他人私隱

　　公開他人私隱是指在網上發布他人的個人資料，以便其他人可以欺凌他們。有些欺凌者甚至會用駭客的手段入侵受害者的網上帳戶，來尋找這些資料。

　　因此，保障你的個人資料和為社交媒體帳戶設定一個安全的密碼是非常重要的。這樣會使欺凌者的行動變得困難重重，甚至是阻止他們欺凌你。

不要成為旁觀者

　　旁觀者是指當有事情發生時，只站在一旁觀看而不幫忙的人。當網絡欺凌發生時，通常會有很多旁觀者不加理會。他們認為事情跟自己無關，或者沒有去嘗試阻止它發生。當旁觀者把網絡欺凌者惡意中傷他人的言論散播開去時，他們也成為了欺凌者。相反地，如果他們支持被欺凌的人或舉報欺凌者，這樣可以有截然不同的後果。

　　網絡欺凌的受害者可能會感到孤單，好像沒有人站在他們那一邊。因此，支持這些受害者是很重要的，而且要向他們表明你不同意這些欺凌行為。

舉報濫用網絡的情況

作為一個良好的網民，你應該舉報網絡欺凌事件或任何其他濫用網絡的情況。你可以先把事情告訴你信任的成年人。如果你的個人資料被不適當利用，你可以向一些機構求助（請參閱第 47 頁），機構的職員可以把你的對話內容保密。

如果網絡欺凌事件是發生在你的學校裏，請告訴你的班主任。你信任的成年人或班主任會協助處理事件，或許會報警求助。這些行動都有助阻止網絡欺凌，並使互聯網成為一個更好、更安全的地方。

避免朋輩壓力

有時候，你可能會在網絡上看到你的朋友對某個人很刻薄，或許是幾個朋友之間互相慫恿，對某個人作出了網絡欺凌的行為，卻不察覺這樣會傷害別人。如果你看到這種情況，請跟你的朋友談一談，並提醒他們的行為會令人感到傷心。你也可以向你信任的成年人說明這個情況，尋求他們的意見。

捕捉網絡騙子

　　所有在線的電腦設備都具有一個互聯網協定（IP）地址。這樣，其他電腦就可以知道在哪裏傳送和收集它們的資料了。你的IP地址有點像指紋，這就是警察能夠在網上追蹤不法分子並逮捕他們的方法了。

　　網絡欺凌是一種騷擾他人的形式，這種行為受到警方的關注。很多網絡欺凌者發現他們無法長期隱藏在網絡世界中。

出色的互聯網

　　你是否覺得世界上似乎只有你一個人有某種興趣？這會讓你感到孤單嗎？好吧，你錯了！其實有很多人的想法是跟你一樣的。你只要到互聯網上看看，你將發現有很多喜歡相同事物的人。這就是為什麼互聯網如此出色了，它可以使我們感受到自己和所愛的事物是多麼美好。

網絡大挑戰

現在，森仔和奧莉知道要怎樣避開互聯網上的危險了。你也學懂了嗎？
一起來接受以下的挑戰，看看你是不是已準備好，可以成為一個好網民！

1. 什麼是強大的密碼？

a. 你媽媽的名字
b. 你的生日日期和名字
c. 用數字和字母混合而成

2. 如果遇到網絡欺凌，你應該怎麼做？

a. 告訴一個值得信任的成年人
b. 嘗試反擊和欺負他們
c. 什麼也不做，當作沒事情發生一樣

3. 以下哪一項東西是你不應該在網上發表的？

a. 你最喜歡的顏色
b. 你最喜歡的足球隊
c. 你的地址

4. 你應該怎樣處理有附件的奇怪電郵？

a. 如果它們看起來很有趣，就打開它們
b. 把它們轉發給朋友
c. 不要打開它們，並且馬上刪除

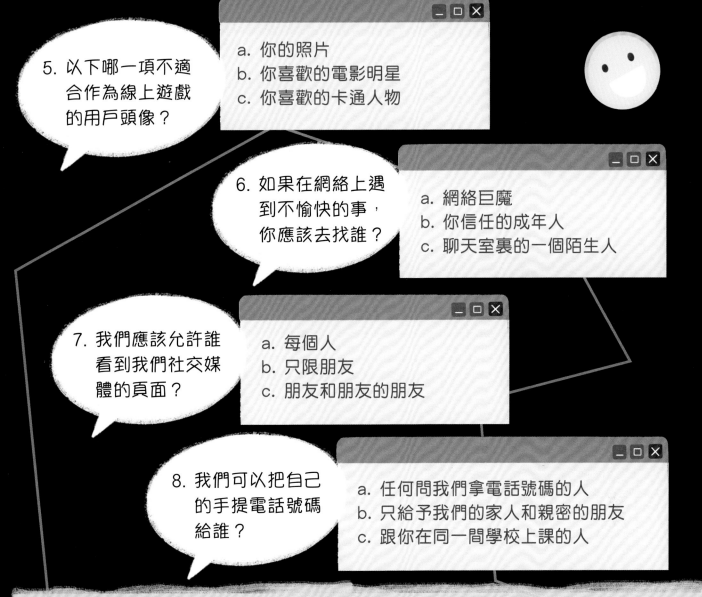

5. 以下哪一項不適合作為線上遊戲的用戶頭像？

a. 你的照片
b. 你喜歡的電影明星
c. 你喜歡的卡通人物

6. 如果在網絡上遇到不愉快的事，你應該去找誰？

a. 網絡巨魔
b. 你信任的成年人
c. 聊天室裏的一個陌生人

7. 我們應該允許誰看到我們社交媒體的頁面？

a. 每個人
b. 只限朋友
c. 朋友和朋友的朋友

8. 我們可以把自己的手提電話號碼給誰？

a. 任何問我們拿電話號碼的人
b. 只給予我們的家人和親密的朋友
c. 跟你在同一間學校上課的人

你得到了多少分？

完成後，請查看答案，看看自己一共答對了多少題。

答對 8 題：恭喜你！你是一位精明而且懂得注意安全的 A 級網絡冒險家。祝你上網愉快！

答對 4-7 題：做得很好，但你可以看看那些答錯了的題目的答案，並從中學習，向 A 級網絡冒險家進發。

答對 0-3 題：很好的嘗試！但或許你要重新再看看這本書，以加快學習的速度。

答案：1.c；2.a；3.c；4.c；5.a；6.b；7.b；8.b

詞彙表

應用程式（applications）
應用程式是指針對某種特殊應用目的的軟件，例如天氣報告、遊戲、媒體播放器等。在行動裝置上的應用程式一般簡稱為 Apps。

無線上網（Wi-Fi）
不需要電纜相互連結的無線電腦網絡。

社交媒體（social media）
可讓用戶自行創作內容，並互相交流的網絡平台。

即時通訊（instant messaging）
一種在網絡聊天的方式，讓我們可以彼此即時發送文字訊息。

聊天室（chat room）
可以讓人們透過輸入文字訊息互相聊天的網站。

網路身分（online identity）
互聯網用戶在網上建立的身分，這個身分可由用戶在網上發表的內容而建構。

用戶名稱（username）
你在互聯網帳戶，例如社交媒體上所使用的名稱，而不是你的真實名字。

搜尋引擎（search engine）
我們用來尋找網絡資訊的網站。

上載（upload）
把檔案從電腦設備傳送到互聯網上。

下載（download）
把檔案從互聯網傳送到你的電腦或數碼設備上。

我的最愛（favourites）
用來儲存你最喜歡的網站地址的文件夾。

私隱設定（privacy settings）
容許你選擇誰可以在社交媒體上查閱個人頁面的設定。

惡意程式（malware）
專為損害其他人的電腦而設計的電腦程式。

欺凌者（bully）
故意做一些行為或說一些惡意中傷他人的話而令別人感到難過的人。

封鎖（block）
攔阻某個電腦用戶向你傳送電郵或查閱你的社交媒體頁面。

舉報（report）
很多網站都設有舉報的功能，讓你可以向網站舉報一些濫用網站或欺凌的情況。

參考網站

以下的網站提供了更多安全上網的資訊：

- 香港個人資料私隱專員公署是為了確保市民的個人資料私隱得到保障而設立的機構，如果你覺得你的私隱受到侵害，或受到網絡欺凌，可致電2827 2827尋求幫助。
  https://www.pcpd.org.hk/cindex.html

- 為兒童提供個人資料私隱資訊的網站：
  https://www.pcpd.org.hk/childrenprivacy/

- 認識網絡欺凌的網站：
  https://www.pcpd.org.hk//tc_chi/resources_centre/publications/files/cyberbullying_c.pdf

- 學習明智地使用電腦及互聯網的網站：
  https://www.pcpd.org.hk/tc_chi/resources_centre/publications/files/computer_wisely_c.pdf

- 學習精明地使用社交媒體的網站：
  https://www.pcpd.org.hk/misc/booklets/leaflet_besmart_social_networks_c/html/index.html

- 為中、小學生提供安全上網資訊的網站：
  http://www.benetwise.hk/edu_kit.php

- 為家長和老師提供兒童網上私隱資訊的網站：
  https://www.pcpd.org.hk/misc/booklets/childrenPrivacy_c/index.html

如果你想認識更多電腦程式設計的資訊，還可以看看以下圖書：

《程式設計輕鬆學—— 孩子必備的電腦學習書》

索引

爸爸說，我們晚上睡覺時不應該把手提電話或電腦放在身旁。這樣，我們就可以好好入睡，而不會被打擾了。晚安！